레이첼 카슨 전집 5

센스 오브 원더
The Sense of Wonder

The Sense of Wonder

레이첼 카슨 전집 5
센스 오브 원더

초판 1쇄 발행일 2012년 4월 10일 **초판 2쇄 발행일** 2018년 9월 5일

지은이 레이첼 카슨 | **사진** 닉 켈시 | **옮긴이** 표정훈
펴낸이 박재환 | **편집** 유은재 김예지 | **관리** 조영란
펴낸곳 에코리브르 | **주소** 서울시 마포구 동교로 15길 3층(04003) | **전화** 702-2530 | **팩스** 702-2532
이메일 ecolivres@hanmail.net | **블로그** http://blog.naver.com/ecolivres
출판등록 2001년 5월 7일 제10-2147호
종이 세종페이퍼 | **인쇄 · 제본** 상지사

ISBN **978-89-6263-066-4 04590**
ISBN **978-89-6263-165-4 세트**

책값은 뒤표지에 있습니다. 잘못된 책은 구입한 곳에서 바꿔드립니다.

센스 오브 원더

레이첼 카슨

닉 켈시 사진 | 표정훈 옮김

에코리브르

Photo: Erich Hartmann

차례

The Sense of Wonder

초대의 글

우리는 모두 한때 어린이였다. 《센스 오브 원더》는 레이첼 카슨이 한때 어린이였던 우리 모두에게 건네는 선물이다. 이 책에서 카슨은 놀라움으로 가득한 어린이의 세계를 정확하게 포착하는 것은 물론, 생명 세계와 하나 되고 싶어 하는 우리 모두의 오랜 소망을 다시금 불러일으킨다. 새로운 것을 발견하는 기쁨, 오랫동안 잊고 지낸 것을 다시 일깨우는 즐거움, 그런 기쁨과 즐거움이야말로 카슨의 모든 글에서 두드러지는 특징이다. 또 그것은 카슨이 영어권에서 가장 탁월한 자연주의 작가의 반열에 오른 이유이기도 하다.

카슨은 이 시적인 산문에서 우리가 평생에 걸쳐 놀라움의 감정을 어떻게 길러나갈 수 있는지, 우리가 태어나 처음으로 자연에 대해 느낀 생생한 감동을 어떻게 유지해나갈 수 있는지, 자연과 멀어진 채 지내기 십상인 일상에서 자연에 대한 놀라움과 경외감을 어떻게 잃지 않을 수 있는지, 그 비결을 전해준다.

이 책에 실린 글은 1956년 7월 〈우먼스 홈 컴패니언(Woman's Home Companion)〉이라는 잡지에 '당신의 자녀가 자연에서 놀라움을 느낄 수 있도록 도와라(Helping Your Child to Wonder)'는 제목으로 처음 실렸다.

이 글에서 우리는 어른들 대부분이 잊고 있는 진리를 어린이들은 거의 본능적 · 직관적으로 깨닫고 있다는 사실을 알 수 있다. 바로 우리 모두가 자연 세계의 한 부분이라는 진리 말이다. 자연에 대해 각별히 놀라워할 줄 아는 카슨의 눈도 어린 시절 어머니와 함께함으로써 깊어질 수 있었다고 한다. 그래서 어린이에게는 자연에 대해 함께 놀라워할 한 사람 이상의 어른이 필요하다고 말한다. 어린이의 눈과 마음을 잃지 않은 그런 어른 말이다.

카슨에 따르면 자연은 아이와 어른이 함께 기쁨을 나누고 발견의 모험을 하는 곳이란다. 그녀는 자연을 설명하거나 가르치려 들기 보다는 우리의 감각을 총 동원해서 자연과 사귀라고 권한다. 자연에 대한 지식을 쌓는 것은 어디까지나 그다음 일이며, 자연에 대한 풍부한 정서야말로 지식의 기초가 된다는 것이다.

《센스 오브 원더》의 큰 특징 가운데 하나는 밤을 주제로 했다는 점이다. 카슨은 메인 주의 바위 해안 못지않게 밤의 고요와 신비를 무척이나 사랑했다. 바닷가와 밤이야말로 카슨이 가장 깊은 삶의 신비를 명상하는 장소이고 시간이었다. 이 책에서 카슨이 권하는 모험의 상당 부분이 밤에 홀로 나서는 것이다. 하지만 어린아이나 친한 친구와 함께라면 효과는 배가된다. 그 효과란 내적인 치유, 그리고 인간 내면에 대한 새롭고도 깊은 이해와 통찰이다.

레이첼 카슨은 바다와 해안을 주제로 한 걸작 《바다의 가장자리》(1955)를 마무리 지은 직후부터 이 글을 쓰기 시작했다. 《침묵의 봄》을 집필하기 몇 해 전의 일이다. 카슨은 이 글에 대해 이렇게 말했다.

"내가 펜을 놓기 전에 꼭 하고 싶은 말들을 지금까지와는 다른 방

식으로 말할 기회라고 생각했다."

카슨의 조카의 아들인 로저 크리스티는 어머니와 함께 메인 주로 카슨을 방문했다. 그 여름에 카슨과 로저는 집 주변의 숲과 바닷가를 함께 거닐었다. 이 흥미진진한 모험에서 로저는 어린아이 특유의 상상력을 보여주면서 카슨과 즐거움을 나누었다. 이 책은 바로 로저와 함께한 시간, 그리고 가장 친한 친구 도로시 프리먼과 함께 한 시간, 또 카슨이 홀로 지낸 시간 들을 담고 있다.

처음에 저작권 대리인은 카슨에게 자전적 성격의 글을 써볼 것을 권했다. 그렇게 잡지에 발표한 글이 좋은 반응을 얻자, 단행본으로 펴내기로 결심했다. 그리하여 1959년 여름, 카슨은 그동안 쓴 글들을 모으고, 새로 추가하고 싶은 예전의 경험들을 떠올리는 데 많은 시간을 할애했다. 하지만 1962년, 《침묵의 봄》이 미국 사회 전체에 커다란 반향을 불러일으키면서 카슨은 에너지를 급격히 소진했다. 결국 《센스 오브 원더》는 카슨이 사망한 후인 1965년에 추가 부분 없이 출간되었다.

지금 당신이 손에 들고 있는 이 책은 레이첼 카슨이 생전에 꼭 마무리 짓고 싶어 한 바로 그 책이다. 세상을 떠나기 얼마 전까지도 "이 책에 전념하고 싶다"고 말한 카슨은 자연에 대해 놀라워하는 감정이라는 주제를 무척이나 중시했다. 그런 감정이 평생 유지될 수 있는지 여부가 어린 시절에 판가름 난다고 믿었기 때문이다. 카슨은 이 책을 접하는 어른과 어린이 들이 자연에 대한 감수성을 풍부하게 기르기를 바랐고, 만일 그렇게 된다면 생명 세계를 위협하는 행동을 삼가리라 믿었다.

이 책에는 카슨이 덧붙이고 싶어 한 사진들이 실려 있다. 카슨은 한 친구에게 이렇게 말한 적이 있다. "우리가 찾을 수 있는 가장 아름다운 사진, 어떤 건 컬러로 어떤 건 흑백으로 된 사진을 넉넉하게 실을 계획이다." 카슨은 착한 요정이 있다면 그들에게 이렇게 부탁하고 싶다고 했다. "세상의 모든 어린이가 지닌 자연에 대한 경이의 감정이 언제까지고 계속되게 해주오." 아쉽게도 카슨은 닉 켈시를 만나지 못했고 켈시의 사진을 보지도 못했다. 하지만 카슨과 켈시가 같은 영혼을 지녔다는 점만은 분명하다. 시적인 산문과 사진의 행복한 만남은 카슨의 바람대로 그녀의 메시지를 더욱 빛나게 만들어주는 것은 물론, '착한 요정'의 일을 나누어 맡기에도 충분하다.

1997년 가을, 메릴랜드 베데스다에서

린다 리어

밤바다

비바람이 몰아치던 어느 가을밤이었다. 그때 로저는 세상 빛을 본 지 20개월이 지난 아이였다. 나는 로저를 담요로 감싼 채 비 내리는 어둠 속 바닷가에 앉혔다. 저 멀리, 우리의 눈길이 미처 닿지 않는 바다 저 끝에서, 거대한 물결이 우르릉대며 춤추고 있었다. 어둠 속에서 그것은 어슴푸레하게 하얀빛을 띠었다. 세상을 뒤흔들 듯 커다란 소리를 내며, 물결은 이내 우리 곁으로 밀려와 무수한 포말로 스러졌다. 로저와 나는 즐거움에 겨워 크게 웃었다.

로저는 태어나 처음으로 바다의 신이 부르는 노래를 들은 것이다. 물론 나는 삶의 거의 대부분을 바다와 사랑에 빠져 보낸 어른이었다. 하지만 로저와 나는 그날 밤 분명히 같은 기분을 느꼈다. 드넓기 그지없는 바다, 세상을 뒤흔들듯 으르렁대는 바다, 그리고 그 모든 것을 감싸 안고 있는 넉넉한 어둠. 우리는 이 모든 것에 가슴 두근거리지 않을 수 없었다.

밤이 지나고 비바람은 잦아들었다. 그리고 얼마 뒤, 나는 다시 로저와 함께 바닷가로 나갔다. 이번에는 바닷가의 가장자리에 앉았다. 우리가 들고 간 손전등의 희미한 불빛만이 겨우 어둠 한 구석을 밝히고 있었다. 비는 내리지 않았지만 밤은 여전히 살아 있었다. 물결이 부서지는 소리, 끊임없이 불어대는 바람 소리. 실로 지극히 작고 소박한 것에서부터 크고 위대한 것에 이르는, 그 모든 것이 살아 있는 시간이자 장소였다.

로저와 나의 이 각별한 밤은 생명을 잉태하고 있는 밤이기도 했다. 우리는 유령게를 찾았다. 모래와 비슷한 색을 띠고, 부지런히 움직이는 그 녀석들을 로저와 나는 낮에도 가끔 볼 수 있었다. 그러나 유령게는 주로 밤에 활동했다. 녀석들은 밤 바닷가를 거닐지 않을 때에는 해변에 작은 구멍을 파고 숨어 있었다. 마치 바다가 가져다줄 그 무언가를 조용히 기다리기라도 하듯이…….

이 작고 빠른 녀석들을 볼 때마다, 나는 바다의 무자비한 힘에 맞서는 어떤 고귀한 고독 같은 것을 느꼈다. 녀석들 덕분에 나는 잠시나마 삶과 우주의 무한한 신비를 명상하는 철학자가 되고는 했다. 물론 녀석들을 본 로저 역시 철학자의 기분을 느꼈다고 할 수는 없다. 하지만 이것만은 틀림없다. 바람이 부르는 성난 노래도, 칠흑 같은 어둠도, 산처럼 높게 넘실대는 물결도 두려워하지 않았다는 것. 로저는 두 눈을 반짝이며 유령게를 찾는 데 여념이 없었다. 그 아이는 무한하고 위대한 세계 속에 숨어 있는 지극히 작고 소박한 것을 찾은 것이다.

어떤 사람은 이렇게 생각할지도 모르겠다. '그렇게 어린아이를 즐겁게 해주는 방법치고는 좀 이상하지 않은가.' 일리 있는 생각이다. 하지만 이제 갓 네 살이 넘은 로저와 나는, 그 아이가 더 어렸을 때 함께한 생명과 자연에 대한 모험을 지금까지도 같이하고 있다. 그리고 그 결과는 무척 흡족했다. 비바람이 치는 날이든 고요한 날이든, 밤이거나 낮이거나 자연 속에서 함께한다는 것 자체가 더없이 좋았다. 중요한 것은 로저와 함께하는 동안 나는 그 아이에게 아무것도 가르치지 않았다는 사실이다. 우리는 그저 함께 즐거워하고 흥분하고 웃었을 뿐이다.

여름 숲

메인 주 해안에서 여름을 보냈다. 나는 그곳에 나만의 해변, 나만의 작은 숲길을 갖고 있었다. 화강암 해안이 끝나고 육지가 시작되는 곳부터 월귤나무, 곱향나무, 소귀나무가 자랐다. 바다와 맞닿은 만에서 위쪽으로 경사진 언덕에도 나무가 많이 자랐는데, 그곳부터 공기는 가문비나무와 발삼 향을 머금었다. 월귤나무, 백옥나무, 이끼, 산딸나무 등으로 뒤덮인 평평한 땅이 북쪽으로 펼쳐졌다. 양치류가 무성한 작은 골짜기, 온갖 모양의 바위들도 만날 수 있었다. 참개불알꽃, 나리꽃, 그리고 푸른 열매를 맺는 클린토니아 보레얼리스(Clintonia borealis, 나도옥잠화와 비슷한 식물로 연둣빛이 도는 노란색 꽃이 피며 블루베리와 비슷한 색깔의 열매가 열린다—옮긴이)도 발길을 붙잡았다.

로저가 메인 주로 나를 찾아왔을 때, 우리는 함께 그 숲 속을 거닐었다. 나는 숲에서 만나는 식물이나 동물의 이름을 알려주려 애쓰지 않았고 별다른 설명도 하지 않았다. 다만 우리가 보는 것들에서 내가 느끼는 기쁨을 표현했다. 나는 아이가 새롭게 만나는 것들에 대해 가볍게 주의를 환기시켰을 뿐이다. 그것은 마치 나이 든 어르신과 천천히 길을 걸으며 이런저런 것들에 대해 말씀드리는 것과 비슷했다.

그런데 얼마 뒤, 나는 놀라지 않을 수 없었다. 내가 혼잣말처럼 나지막이 중얼거린 동식물의 이름을 로저가 얼마나 인상 깊고 분명하게 기억하고 있던지. 내가 갖가지 식물을 촬영한 컬러 슬라이드를 보여주자, 아이는 식물의 이름을 즉시 기억해내는 것이었다.

"응, 저건……. 그래 맞다, 산딸나무!"

"저건, 곱향나무! 저 푸른 열매는 먹지 말라고 했어요. 다람쥐들이 먹어야 하니까."

다만 어른과 아이가 함께 숲을 거닐며 흥미로운 것들을 발견하고 놀라워하고 즐거워하는 것, 아이에게 그것보다 더 확실하고 분명하게 동식물의 이름을 기억하게 해주는 길은 없다. 그런 길동무, 두 사람의 영혼 속에서 여름 숲은 언제까지나 영원히 살아 있을 것이다.

너와 나, 우리

⋮

바위투성이의 메인 주 해안을 따라 펼쳐진 모래 삼각주에서도 로저는 마찬가지였다. 로저는 그곳에서 스스로 조개를 찾아냈다. 겨우 한 살 반이었을 때 로저는 수주고둥, 쇠고둥, 홍합 등을 어설프게나마 발음하며 즐거워했다. 물론 나는 아이에게 그런 것들을 가르치려 애쓰지 않았다. 그렇기 때문에 로저가 그런 것들을 어떻게 발음하고 알게 되었는지 잘 모른다.

어른, 특히 부모는 자기들이 귀찮고 불편하다는 이유로 아이들이 누리는 기쁨을 금지하곤 한다. 저녁 늦게까지 밖에서 놀다 들어온 아이의 옷과 신발에 묻어 있는 진흙에 짜증내지 않는 부모는 드물다. 옷을 빨아야 하고 카펫을 털어야 하고……. 그러나 로저와 나는 그런 것에 결코 개의치 않았다.

어둠이 내리는 밤 바닷가에서 로저와 나는 이제 막 우리 눈앞에 펼쳐질 아름다운 그림 한 폭을 기다리며 앉아 있기도 했다. 바로 둥근 달이 만 저 멀리 떠올라 바다와 만나는 광경이었다. 달빛 아래 물은 잔잔한 은빛으로 타올랐고, 해안의 바위는 수많은 다이아몬드 바로 그것이었다. 지상의 모든 것은 차라리 형형색색의 돌비늘이었다.

세월의 흐름 속에서도 결코 바랠 수 없는 기억. 정말 그러했다. 로저의 마음속에서 그날 그 광경은 갈수록 점점 더 명확해지는 사진 한 장으로 남았다.

세수하고 이 닦고 동화를 듣다가 잠자리에 드는 것이 밤에 아이가 할 일의 전부일까? 아이는 가능하면 일찍 잠자리에 들어야만 하는 걸까? 그날 밤 로저는 하룻밤의 잠을 설친 대신, 어떤 영원한 것과 만났다. 달, 물, 밤하늘……. 조용히 내 무릎에 앉아, 달빛 속 꿈의 요정이 부르는 노래에 빠져들던 로저가 나지막이 속삭였다.

"난 여기가 좋아요, 우리가 함께 있으니까."

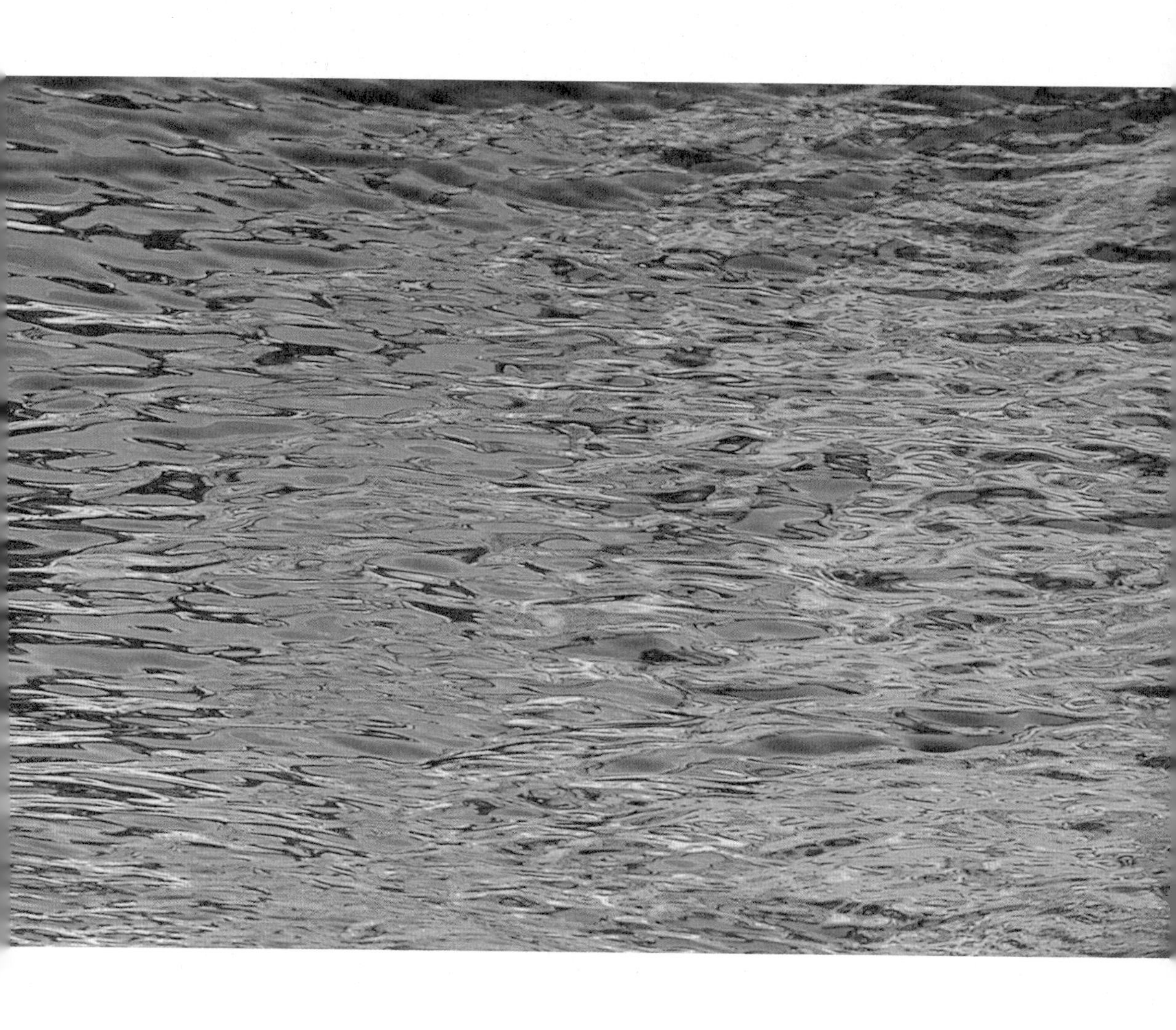

비 오는 날

비 오는 날은 숲을 걷기에 가장 좋은 때다. 다른 사람들은 어떻게 생각할지 모르지만, 나는 늘 그렇게 생각해왔다. 촉촉이 젖어 있는 날보다 숲이 생명의 숨결을 세차게 내뿜는 때는 없다. 상록수의 가느다란 잎사귀가 은빛 모자를 쓰는가 하면, 양치류는 열대 숲의 무성함을 닮아가고, 숲의 모든 잎사귀와 풀의 끝자락에 맑은 수정 방울이 맺힌다. 겨자색, 살구색, 진홍색 …… 조금은 생소한 빛깔의 버섯들이 부식토 바깥으로 한껏 고개를 쳐들기도 한다. 숲의 배경을 이루던 이끼는 푸른빛과 은빛에 젖은 신선한 자태로 전경이 된다.

젖은 대지와 하늘이 비록 우울해 보이는 날이라 해도, 자연은 그런 날에 합당한 선물을 준비해두고 있다. 그 선물은 물론 아이들을 위한 것이기도 하다. 지난여름 로저와 나는 흠뻑 젖은 숲을 오래도록 말없이 걸었다. 로저도 나도 아무 말 없이 걸었지만, 자연이 준비한 선물을 로저가 즐기고 있음을 어렵지 않게 알 수 있었다.

그 후로도 며칠 동안 세상은 온통 비와 안개에 젖어 있었다. 로저와 내가 만나는 풍경은 모두 빗속에 잠겼고, 만에 드리운 안개는 막막한 침묵뿐이었다. 왕새우잡이 어부들도 오지 않았고, 갈매기의 모습도 눈에 띄지 않았다. 숲에서는 다람쥐의 자취도 보기 힘들었다.

로저와 내가 머무르는 작은 집은 부산하게 움직이는 세 살배기 사내아이에게는 너무나 좁은 곳이 되어갔다.

내가 말했다.

"숲에 갈까? 여우나 사슴을 볼 수 있을지도 몰라."

로저는 두 눈을 반짝이며 스웨터를 입고 노란색 비옷을 걸쳤다. 비 오는 날이면 어김없이 벌어지는 숲의 축제에 참석하는 데 더 이상의 말은 필요치 않았다.

마법의 양탄자

나는 이끼에 대해 늘 각별한 애정을 느낀다. 요정의 나라에서나 만날 법한 마법이 이끼에서 펼쳐지기 때문이다. 이끼는 바위에 듬성듬성 은빛 테두리를 두르기도 하고, 이름 모를 동물의 뼈나 뿔, 가끔은 조개 모양을 그리기도 한다. 비에 젖은 이끼가 시시각각 모습을 바꾸는, 신기한 마법에 놀라는 로저의 모습은 더없이 예뻤다. 숲길 역시 이끼 양탄자로 장식되곤 했다. 퇴락한 고성에 깔려 있던 긴 융단이라도 되는 양 녹색의 숲 가운데에 은회색 빛의 가느다란 띠를 만들어내는 것이다. 이런 이끼 융단은 숲 속의 여기저기에 펴져 있기 마련이어서 무척 넓은 지역을 뒤덮었다.

건조한 날에 이끼 양탄자는 야위어 보일 뿐 아니라, 밟으면 바스러지기 십상이다. 하지만 비에 흠뻑 젖은 날, 이끼는 마치 물에 담근 스펀지 같다. 촉촉한 것은 물론이거니와 부풀어 오른 듯도 하고, 무성하기까지 하다. 아무리 밟아도 금세 제 모습으로 돌아오는 탄력을 자랑한다.

로저는 비를 머금은 이끼의 감촉을 무척이나 좋아했다. 그 감촉을 한껏 느껴볼 요량으로 몸을 낮추어 토실토실한 무릎을 이끼 양탄자에 비벼대는가 하면, 이 양탄자에서 저 양탄자로 뜀박질을 하며 즐거운 비명을 질러댔다. 또 개구리처럼 한껏 몸을 웅크렸다가 이내 펄쩍 뛰어올라 환호하기도 했다.

로저와 내가 크리스마스트리 놀이를 처음 한 곳도 바로 이끼 양탄자 주변이었다. 이끼 주변에는 어린 가문비나무를 비롯한 작은 나무들이 자리 잡고 있었고, 로저의 손가락만 한 것도 꽤 많았다. 나는 그 나무들을 가리키며 로저에게 말했다.

"이 나무는 다람쥐들의 크리스마스트리가 되겠는걸. 그러기에 꼭 알맞은 크기지 않니? 크리스마스이브에 다람쥐들이 와서 이 나무 꼭대기에 조개도 걸고, 솔방울로 치장도 하고, 이끼를 둘러주기도 할 거야. 그리고 눈이 내리면 나무는 온통 별빛으로 빛나겠지. 크리스마스 날 아침이 되면 다람쥐들은 정말 근사한 트리를 가질 수 있을 거야. 또 어디 보자 …… 이 나무는 훨씬 더 작은걸. 그러면 벌레들의 크리스마스트리가 되어야겠다. 그리고 이 큰 나무는 토끼들 몫인 것 같은데."

이렇게 시작한 로저와 나의 크리스마스트리 놀이는, 결국 숲길을 걷는 내내 이어질 수밖에 없었다. 이제는 로저가 먼저 나서서 숲 속의 모든 친구에게 크리스마스트리를 하나씩 선물하고 싶어 했으니까. 로저는 숲길을 걷는 동안 내게 가끔 이렇게 외치곤 했다.

"크리스마스트리를 밟지 마세요!"

착한 요정

⋮

어린이 앞의 세상은 신선하고 새롭고 아름다우며, 놀라움과 흥분으로 가득하다. 어른들의 가장 큰 불행은 아름다운 것, 놀라움을 불러일으키는 것을 추구하는 순수한 본능이 흐려졌다는 데 있다. 자연과 세상을 바라보는 맑은 눈을 상실하는 일은 심지어 어른이 되기 전에 일어나기도 한다. 만일 모든 어린이를 곁에서 지켜주는 착한 요정과 이야기를 나눌 수 있다면, 나는 주저 없이 부탁하고 싶다. "세상의 모든 어린이가 지닌 자연에 대한 경이의 감정이 언제까지고 계속되게 해주오" 하고.

내가 착한 요정에게 받고 싶은 선물은 해독제 같은 것이다. 그 해독제가 치료할 수 있는 증상은 이런 것들이다. 우리의 몸과 마음을 진실로 강하게 해주는 것에서 멀어지는 증상, 인공적인 사물들에 푹 빠져 헤어나지 못하는 증상, 너무나 똑똑한 나머지 모든 것에서 권태를 느끼는 증상…….

만일 한 어린이가 착한 요정의 도움 없이도 자연에 대한 타고난 경이의 감정을 지킬 수 있으려면, 그러한 감정을 함께 나눌 한 명 이상의 어른이 필요하다. 물론 어른에게 그런 감정을 되찾게 해주는 착한 요정의 구실은 어린이가 하는 셈이다. 우리가 살고 있는 세상의 신비 · 경이 · 기쁨 · 흥분을 어른과 어린이가 함께 찾고 나누는 일만큼 아름다운 일이 어디 있을까? 어른과 어린이가 서로에게 착한 요정이 되는 것보다 아름다운 동화가 또 어디 있을까?

부모들은 자주 당혹스러워한다. 무언가를 열심히 추구하고 무척이나 민감하기도 한 어린이의 감수성과 마주할 때, 그리고 익숙하지 않은 다양한 생명체로 가득한 자연 앞에서 말이다. 보통의 부모들은, 도대체 이 복잡한 자연을 조리 있게 이해하거나 설명할 방도가 없기 때문이다. 결국 지레 좌절감을 느끼면서 부모들은 이렇게 한탄하곤 한다.

"도대체 내 아이에게 어떻게 자연에 대해 가르칠 수 있지? 왜 나는 새의 종류조차 구별하지 못하는 걸까?"

그러나 나는 믿어 의심치 않는다. 어린이에게나, 어린이를 인도해야 할 어른에게나 자연을 '아는 것'은 자연을 '느끼는 것'의 절반만큼도 중요하지 않다. 자연과 관련한 사실들은, 말하자면 씨앗이라고 할 수 있다. 그 씨앗은 나중에 커서 지식과 지혜의 열매를 맺게 될 것이다. 그리고 자연에서 느끼는 이런저런 감정과 인상은 그 씨앗이 터 잡아 자라날 기름진 땅이라고 할 수 있다. 유년 시절은 그런 기름진 땅을 준비할 시간이다. 아름다움에 대한 감수성, 새로운 것, 미지의 것에 대한 흥분 · 기대 · 공감 · 동정 · 존경 · 사랑……. 이런 감정들이 기름진 땅을 이루고 난 다음에야, 비로소 그런 감정을 불러일으킨 사물에 대한 지식을 올바르게 추구할 수 있다. 한번 형성된 그러한 기름진 땅은 평생 아이의 곁을 떠나지 않는 착한 요정이 될 것이다.

부모라는 이름의 착한 요정들이여!

그대가 해야 할 일은, 어린아이들을 알고 싶다는 소망으로 이끄는 것이다.

부모라는 이름의 착한 요정들이여!

자연과 관련한 사실들을 어린아이의 머릿속에 집어넣으려고 하지 말자.

부모라는 이름의 착한 요정들이여!

불모의 땅에 무작정 씨앗 하나를 던져놓고 튼실한 열매를 기다리는 따위의 어리석은 짓은 하지 말자.

또 하나의 눈

자기 아이가 자연에 대한 감수성이나 지식을 별로 지니지 못했다고 느끼는 부모들이 적지 않다. 심지어 '내 아이가 그런 면에서 타고난 재능이 부족한 게 아닌가' 생각하는 부모들도 있다. 그뿐만 아니라 부모 스스로도 그렇다고 지레 단정하는 경우도 있다.

하지만 정말로 그렇다 해도, 부모가 할 수 있는 일은 얼마든지 많다. 그리고 그런 일들은 대부분 아주 쉽다. 아이나 부모의 자질과 재능과 지식이 어떻든, 그리고 어떤 장소, 어떤 처지에 놓여 있든 아이와 함께 고개를 들어 하늘을 바라볼 수는 있지 않은가?

새벽하늘에 반짝이는 별들의 아름다움을 느낄 수 있지 않은가? 정처 없이 흘러가는 구름의 한가로움을 만끽할 수 있지 않은가? 한밤의 하늘에 흩뿌려진 무수한 별들의 속삭임은 들을 수 있지 않은가? 바람이 전하는 소리에 귀 기울일 수 있지 않은가? 숲에서 불어오는 바람의 교향악에 흠뻑 젖을 수 있지 않은가? 바람이 처마 끝을 맴돌며 내는 화음을 감상할 수 있지 않은가? 아파트 한 모퉁이를 휘감아 도는 바람의 목소리에서 신비를 느낄 수 있지 않은가? 바람은 도대체 어디에서 불어와 어디로 가는가? 바람의 고향은 어디이고 안식처는 어디인가?

비 오는 날이라면 우산을 접고 아이와 함께 얼굴로 비를 맞이할 수 있지 않은가? 기나긴 비의 여행을 상상해볼 수 있지 않은가? 저 하늘에서 이 땅으로, 이 땅에서 저 바다로, 다시 저 하늘로……. 긴 여정의 한순간 내 얼굴과 만나게 된 빗방울과 나의 깊은 인연, 영겁의 세월을 아우르고 있는 그 깊은 인연.

흙, 숲, 바다, 이런 것들과 만나기 쉽지 않은 삭막한 도시에서 살고 있다 해도, 틀림없이 적당한 장소를 찾을 수 있을 것이다. 작은 공원이라 할지라도, 계절이 바뀌고 새들이 나는 놀라운 광경에 취하기에 충분하다. 그마저 여의치 않다면, 한 줌 흙을 채운 작은 화분 하나를 부엌 창가에 놓아둘 수 있지 않은가? 씨앗이 움터 꽃이 피는 신비를 아이와 함께 나누기에 부족함이 없다.

아이와 함께 자연을 탐험하는 것은 결코 거창한 일이 아니다. 우리를 둘러싼 주위의 모든 것을 열린 눈, 열린 귀, 열린 마음으로 주의 깊고 민감하게 대하는 것 이상의 일이 아니다. 그것은 우리의 귀, 우리의 눈, 우리의 코, 우리의 손가락을 사용하는 방법을 새롭게 배우는 일이기도 하다. 우리가 미처 사용하지 않은, 또는 사용한 적은 있으되 그 사용법을 잊어버린 감각의 촉수를 다시금 활짝 여는 일이기도 하다.

우리는 대부분 눈으로 봄으로써 세상에 대한 지식을 얻는다. 그러나 아무리 시력이 좋은 사람일지라도 눈을 모두 뜨지는 못한다. 미처 보지 못한 아름다움을 볼 수 있는 그런 눈. 그런 눈을 뜨기 위해 우리가 해야 할 일은 간단하다. 스스로에게 늘 이렇게 물어보자.

"지금 보고 있는 이것이 내가 전에 한 번도 본 적이 없는 것이라면? 지금 보고 있는 이것을 앞으로 다시는 볼 수 없다면?"

나는 어느 여름밤, 그런 물음을 나 자신에게 던지지 않을 수 없는 순간을 경험했다. 무척 맑았고, 눈썹보다 가느다란 달이 떠 있는 날이었다. 나는 친구와 함께 바다 쪽으로 길게 뻗은 평평한 땅 한가운데에 서 있었다. 넓고 둥글게 펼쳐진 만 가운데로 뻗어 있는, 아주 조그맣고 가느다란 섬 같은 땅이었다. 육지였지만 사방이 바다로 둘러싸인 것 같은 그런 땅이었다.

우리는 광대한 우주의 한 언저리에서 저 먼 다른 언저리를 바라보는 외로운 두 별이었다. 우리는 누가 먼저랄 것도 없이 드러누워 하늘을 바라보았다. 어둠 속에서 빛나는 무수한 별들 역시 우리를 바라보고 있었다. 사방은 정적에 휩싸여 있었다. 저 멀리 만의 입구에 떠 있는 부표가 출렁이는 소리마저 크게 들리는 정적이었다. 해변 어딘가에서 누군가 말하는 소리가 맑은 공기를 타고 아련히 들리는 그런 고요함이었다. 바닷가에 늘어선 몇몇 오두막에서 불빛이 새어나왔다. 그 불빛만이, 우리가 사람이 살지 않는 이름 모를 행성에 불시착한 것이 아님을 겨우 알려주었다.

그 순간 우리는 다만 별들의 친구일 뿐이었다. 그토록 아름다운 순간은 처음이었다. 흐릿한 은빛으로 넘실대는 하늘의 강은 쉼 없이 흘렀고, 별자리는 더없이 밝고 뚜렷했다. 그뿐만 아니라 수평선 가까이 빛나는 별들 사이로, 별똥별이 지상의 대기 속에 안기면서 끊임없이 자취를 만들어냈다.

나에게 그날, 그 자리, 그 광경은 한 세기에 한 번밖에 보지 못할, 아니 인간이 대지에 처음 모습을 드러낸 이후 단 한 번밖에 볼 수 없는 그런 광경이었다. 물론 그날의 그 작은 땅이 언젠가 수많은 사람들로 붐비는 날이 올지도 모른다. 또 그날 밤도 억겁의 세월 속에서 수없이 있어온 그런 밤이었을 수도 있다. 바닷가 오두막에서 불을 지피던 사람들에게는 늘 있던 평범한 밤이었을지도 모른다. 그들에게는 고개를 들기만 하면 펼쳐지는 광경이 아름다움으로 다가오지 않을 수도 있다. 지금까지 한 번도 보지 못했고 앞으로 두 번 다시 보지 못할, 그런 광경이 아닐 테니까.

누군가의 마음이 우주의 인적 드문 공간을 한가롭게 거닐 때, 그런 순간을 아이와 함께하는 데 별자리 이름을 알 필요는 없다.

부모라는 이름의 외로운 별들이여!

아이와 함께 다만 아름다움에 취하라.

부모라는 이름의 외로운 별들이여!

아이와 함께 놀라워하고 느껴라.

부모라는 이름의 외로운 별들이여!

그대가 보는 모든 것의 의미, 신비, 아름다움에 다만 놀라워하라.

아주 작은 세상

아주 작은 것들의 세상이 있다. 작은 나머지 아주 드물게 눈에 띄는 세상이기도 하다. 그런데 대부분의 어린이는 눈에 잘 보이지 않는 것들을 잘 볼 뿐만 아니라, 그런 것에서 기쁨을 느낄 줄 안다. 아마도 어른인 우리보다 작아서 땅과 더욱 가깝기 때문이 아닐까.

전체만 대강 훑어보고 부분에는 눈길조차 주지 않는 우리, 서둘러서 대충 보고 지나치는 탓에 많은 아름다운 것들을 놓치고 마는 우리. 그런 우리는 어린이와 함께할 때에야 비로소 잃어버린 아름다운 것들과 만날 수 있다.

눈송이에 돋보기를 갖다 대고 자세히 살펴본 적이 있는 사람은 알 것이다. 자연이 빚어낸 훌륭한 작품 가운데 많은 것이 아주 작다는 사실을.

돋보기를 하나 사는 데 큰 부담을 느낄 사람은 없을 것이다. 그러나 그 돋보기 하나를 통해 우리는 새로운 세상과 만날 수 있다. 어린이와 함께 돋보기를 들고 너무나도 익숙해진 주위 사물들, 무심히 지나친 것들을 관찰해보자. 모래 한 줌을 흩뜨려보자. 그리고 돋보기를 들이대 보자. 그것은 때로 반짝이는 장밋빛 보석 같기도 하고, 영롱한 수정 같기도 하며, 빛나는 구슬 같기도 하다. 또 난쟁이 나라의 바위 같기도 하고, 섬게의 돌기 같기도 하며, 달팽이집의 조각 같기도 하다.

이끼로 가득 찬 한 뼘 남짓한 땅을 돋보기로 들여다보면, 우리 눈앞에는 열대의 정글이 펼쳐진다. 정글 한가운데서 호랑이만큼 커다란 곤충들이 먹이를 찾아 어슬렁거리는 모습도 볼 수 있다. 무성하기 이를 데 없는 커다란 나무들이 빽빽이 들어차 있음은 물론이다. 수초나 해초 줄기 하나라도 좋다.

돋보기 아래의 세상에는 우리가 미처 보지 못한 많은 것이 기다리고 있다. 그것들이 움직이는 것을 보고 있노라면, 한 시간쯤은 금세 지나가 버리고 만다. 물론 막 움트려는 잎사귀나 꽃봉오리도 좋다. 돋보기 하나만으로도 우리는 소인국의 주민이 되어 예상치 못한 아름다움과 만날 수 있다. 잠시일지라도 우리는 사람의 시야, 일상적인 시야에서 벗어나 다른 세상으로 들어갈 수 있다.

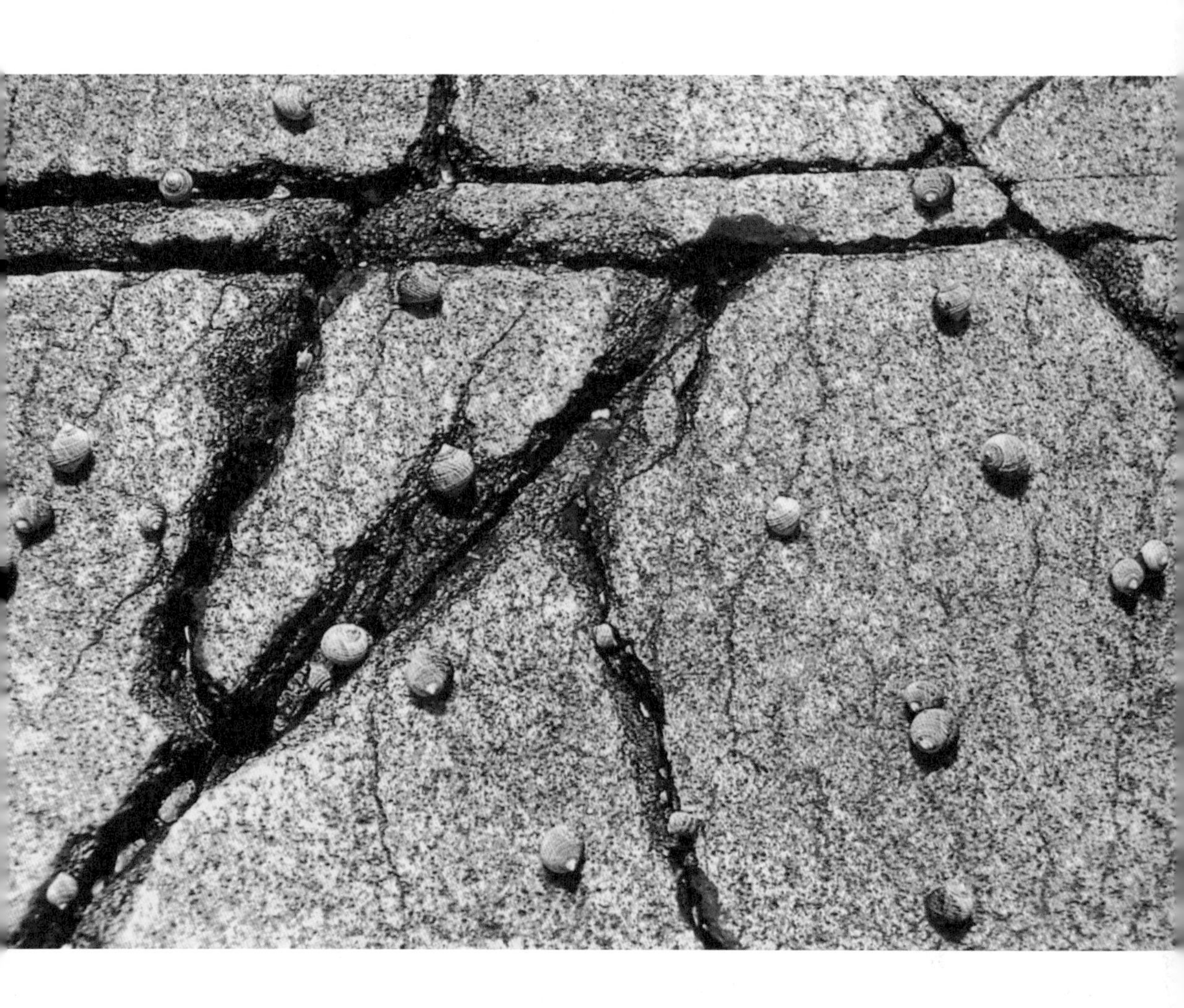

생명의 소리, 생명의 맥박

눈으로 보는 것을 비롯한 모든 감각은 새로운 발견과 기쁨에 이르는 지름길이다. 감각은 기억과 인상의 형태로 우리 안에 남아, 내적 풍요의 마르지 않는 원천이 된다. 이른 아침 밖으로 나갈 때마다, 로저와 나는 오두막 굴뚝에서 피어오르는 장작 태우는 연기 냄새를 맡곤 했다. 도시 건물의 우뚝 솟은 굴뚝에서 뿜어 나오는 연기와 달리, 그것은 무척 강렬하면서도 신선한 자극이었다.

바닷가 쪽으로 걸어가노라면 썰물이 자아내는 냄새에 젖어들었다. 그것은 여러 냄새가 한데 뒤섞인 한 무더기의 냄새 덩어리였다. 해초, 물고기, 온갖 이상야릇한 모양과 습성을 지닌 바닷속 생명들의 냄새, 정해진 시간에 밀려 들어왔다가 빠져나가는 조수의 냄새, 바위에 남은 소금기, 그리고 개펄 냄새……. 드넓은 바다의 그 모든 것이 한 줄기 바람결에 실려와 내 기억과 인상을 자극하는 그런 순간이었다.

로저 역시 나와 마찬가지로, 그 냄새를 처음 맡은 순간의 놀라움을 먼 훗날 기억과 인상 속에서 되살려내리라. 그런 경험은 세월의 무게마저도 무색하게 만드는 법이니까. 놀라움의 첫 순간 이후, 오랜 세월 바다를 찾지 않다가 우연히 찾은 바다에서 두 번째로 그 냄새를 맡는다 할지라도, 첫 순간의 기억과 인상은 바로 어제의 일인 양 생생하기 마련이다. 후각이야말로 그 어떤 감각보다도 기억과 인상을 불러내는 가장 강력한 힘을 지니고 있다. 우리가 그런 후각을 좀처럼 중요하게 생각지 않는다는 사실, 그리고 자주 사용하지도 않는다는 사실은 무척 안타깝다.

한편 귀로 듣는 것 역시 각별한 기쁨의 원천이 될 수 있다. 물론 듣는 것에서 기쁨을 느끼려면 의식적인 노력이 필요하다. 나는 개똥지빠귀의 노랫소리를 한 번도 들어보지 못했다고 말하는 사람을 많이 보았다. 그러나 나는 믿어 의심치 않는다. 그렇게 말하는 사람의 집 가까운 곳 어디에선가 매년 봄, 작은 종을 울리는 듯한 개똥지빠귀의 지저귐이 늘 이어지고 있다는 사실을.

그런 사람은 어린 시절에 개똥지빠귀의 노래를 들어보지 못한 사람일 가능성이 크다. 이 세상이 끊임없이 들려주는 갖가지 소리에 귀 기울이고 그것에 대해 이야기하는 시간을 가져보자. 아이들은 점점 더 다양한 소리를 아주 정확하게 구별하고, 거기에서 기쁨을 느낄 것이다. 그 어떤 소리라도 좋다. 천둥, 바람, 물결, 개울…….

생명의 소리에 귀 기울일 수 있는 능력만큼 소중한 것이 또 어디 있을까? 어느 봄날 아침에 울려 퍼지는 새들의 노래를 듣지 못한 채 아이가 자라도록 내버려두지 말자. 아이의 새벽 단잠을 깨워서라도 바깥으로 나가보자. 새들의 노래를 듣기 위해 특별히 일찍 깨어나기로 약속한 날, 어둠이 가시지 않은 새벽 공기에 안기는 날, 그런 날의 경험을 아이는 평생 잊지 못할 것이다.

첫 번째 노래는 해가 떠오르기 전에 들려온다. 새벽부터 부지런을 떠는 이 가수들의 노래는 알아듣기 쉽다. 아마도 합창 속에 자기들의 노래가 묻혀버리는 것을 꺼리는 가수들인 듯싶다. 홍관조 몇 마리가 날아들어, 개를 부르는 주인의 휘파람 소리인 양 맑고 높게 지저귄다. 예전의 즐거웠던 기억을 되살려주려는 듯 참새의 맑은 노래가 이어진다. 나무가 모여 자라는 곳에서는 쏙독새가 밤부터 이어온 단조로운 선율을 부지런히 읊어댄다. 이윽고 개똥지빠귀, 어치, 까치 등의 노래가 거들고 나서기 시작한다.

부지런한 사람에게만 허락된 새벽의 이 특별한 공연은 개똥지빠귀의 수가 늘어나면서 점점 더 빨라지고 활기에 넘친다. 다른 새들에 비해 격렬한 그들의 리듬은 얼마 안 가서 다른 새들의 노래를 압도하고 만다. 이 새벽의 합창에서 우리는 생명의 맥박, 그 자체를 듣는 셈이다.

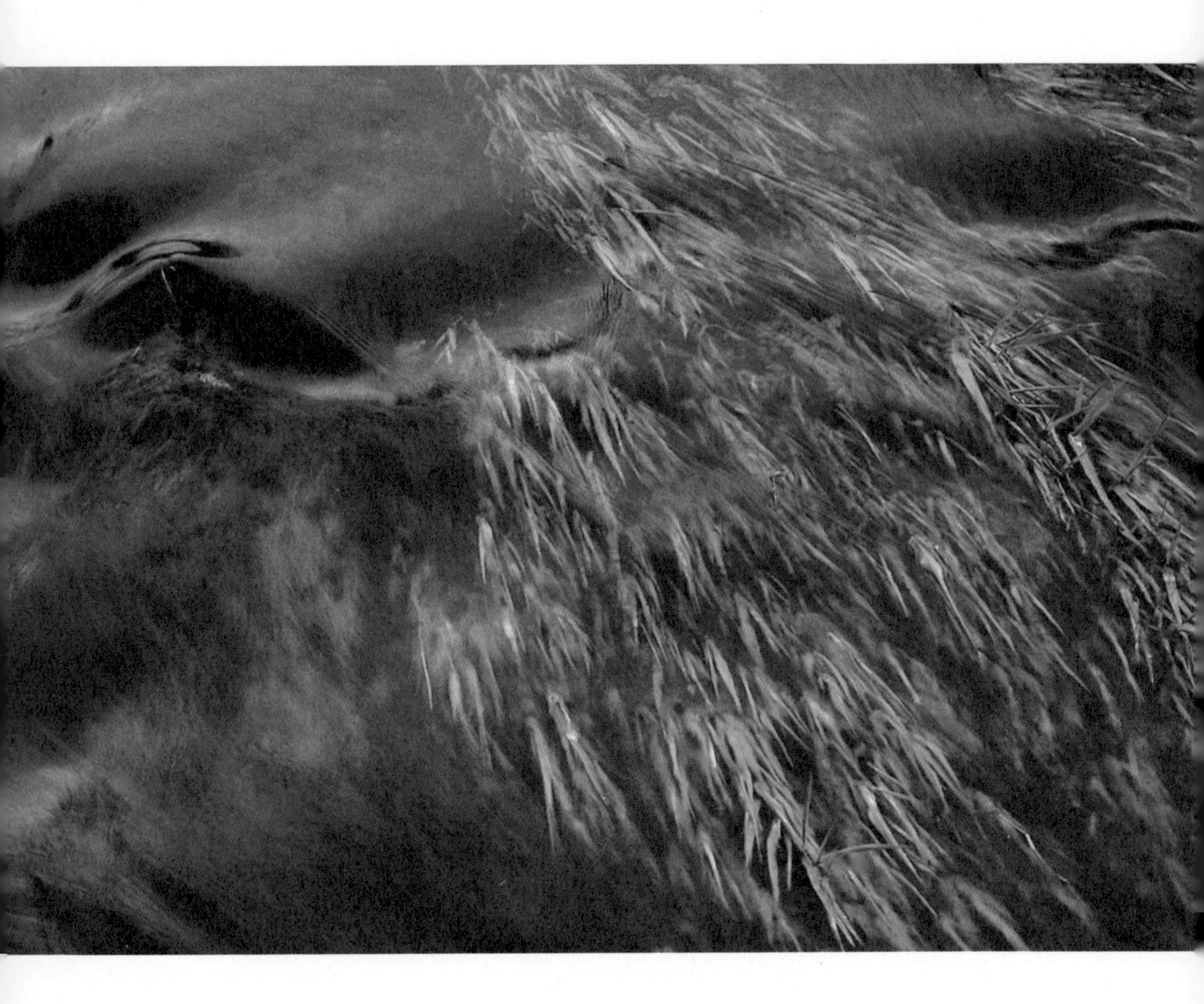

가을 교향곡

또 다른 생명의 음악이 있다. 나는 로저와 올 가을에 손전등을 들고 정원에 나가기로 약속했다. 풀과 관목 사이, 꽃 근처에서 조그마한 바이올린을 연주하는 곤충들을 찾기 위해서다. 곤충 오케스트라의 연주 소리는 잦아드는가 싶으면 이내 높아지면서, 한여름부터 가을이 끝날 무렵까지 줄기차게 이어진다.

서리 내리는 밤이 찾아올 즈음에야, 오케스트라 단원들의 손가락이 곱아져 점점 잦아들기 시작한다. 기나긴 겨울이 시작되면 비로소 연주는 대단원의 막을 내린다. 손전등을 들고 이 조그마한 체구의 연주자들을 찾아나서는 시간은 그야말로 하나의 모험이다. 어떤 아이라도 이 모험을 즐거워하지 않을 수 없을 것이다. 이 모험은 아이에게 밤의 신비와 아름다움을 느끼게 해주기에 충분하다. 주의 깊은 눈으로 참을성 있게 기다림으로써 밤이 살아난다는 사실을 깨닫기에 모자람이 없다.

이 모험은 교향곡 전체를 듣는 일이지만, 각 연주자들이 제 나름의 악기를 연주하는 소리를 듣는 일이기도 하다. 그리고 각 연주자들이 어디에 자리 잡고 있는지 알아보는 일이기도 하다. 몸을 낮추어 풀숲에 귀 기울이면, 높은 음조의 감미로운 소리가 좀처럼 그칠 줄 모르고 들려온다. 이윽고 희미한 녹색 연미복을 차려입고, 달빛 아래 쌓인 눈으로 만든 듯한 날개를 단 연주자와 만나게 된다.

정원의 다른 곳에서는 명랑하고 활달한 리듬이 이어진다. 고양이가 그르렁거리는 소리 같기도 하고 벽난로에서 불이 타오르는 소리 같기도 한, 무척이나 친근하고 소박한 소리다. 손전등을 가만히 아래로 비추면, 귀뚜라미가 무성한 수풀 사이로 재빠르게 사라지는 모습을 볼 수 있다.

가을 정원의 오케스트라 가운데 가장 심금을 울리는 소리를 나는 '요정의 종소리'라고 일컫는다. 나는 그 요정을 한 번도 보지 못했다. 그렇다고 반드시 만나야겠다고 생각하는 것도 아니다. 그 소리는 여리고 섬세하며 들릴 듯 말 듯, 바깥세상에서 들리는 듯, 어떤 영묘한 기운마저 지니고 있다. 그래서 어쩐지, 눈에 보이지 않은 채로 남겨두어야 할 것 같은 기분마저 든다.

연주자의 모습을 밤새워 찾는 동안, 소리는 멈출 줄 모른다. 장난꾸러기 꼬마 요정의 손에 들린 종소리, 형언할 수 없을 만큼 맑고 금세 끊어질 듯 가늘고 조금만 방심하면 이내 들리지 않는 그런 소리. 결국 숨을 멎고 몸을 한껏 낮추어, 아주 조심스럽게 귀를 기울이지 않을 수 없다.

가을밤에는 풀숲의 교향곡 외에 또 다른 특별한 연주가 준비되어 있다. 아주 낮은 곳에서 열리는 곤충 오케스트라의 연주회와 달리, 아주 높은 곳에서 열린다. 연주회 장면 역시 무척이나 장쾌하다. 봄에 북쪽으로 향했던 철새들이 남쪽으로 서둘러 이주하는 장면이다. 소슬한 바람이 부는 10월의 고요한 어느 날 밤, 아이와 함께 들판으로 나가보자. 자동차 소음이 들리지 않는 조용한 곳이어야 한다. 가만히 서서 머리 위 어두운 하늘을 향해 귀 기울여보자. 어둠 저 너머에서 희미하게 한 소리가 들려온다. 날카롭게 울어대는가 싶으면 '쉬쉬' 하는 소리로도 들리고, 서로를 애타게 부르는 듯도 싶다. 창공에 흩어져 나는 철새들이 같은 무리 속의 다른 새를 부르는 소리다.

그 소리를 들을 때마다 나는 이루 말할 수 없는 수많은 감정의 파도가 내 안에서 물결치는 것을 느끼지 않을 수 없다. 사랑하는 사람들로부터 멀리 떨어져 있는 듯한 고독감, 어떤 알 수 없는 힘에 이끌려 삶의 방향이 정해지곤 하는 나를 비롯한 세상의 모든 피조물에 대한 연민, 간절히 원할 수도 철저히 거부할 수도 없이 다만 어김없이 따라야만 하는 어떤 섭리에 대한 경외감, 해마다 틀림없는 이동 경로와 방향을 밟는 철새들의 설명할 길 없는 본능에서 느껴지는 신비감…….

둥근 달이 떠 있고 철새들의 이동으로 살아 있는 밤이라면, 그리고 망원경을 사용할 만한 아이라면, 이제 또 다른 각별한 모험에 나설 수 있다. 둥근 달의 얼굴 한가운데로 철새들이 날아가는 광경을 망원경으로 지켜보는 모험이다. 제법 철이 든 아이에게 철새 이동의 신비를 일깨워주는 방법으로 이보다 더 좋은 것은 없다.

아이와 함께 편안히 자리를 잡고 앉아 망원경의 초점을 달에 맞춘다. 물론 인내심을 배워야 한다. 철새의 이동이 대규모로 이루어지는 경로가 아니라면, 꽤 오랜 시간을 기다려야 할지도 모른다. 하지만 지루하지 않을까 걱정할 필요는 없다. 기다리는 동안 아이와 달에 대해 많은 이야기를 할 수 있으니까. 일반적인 배율의 망원경이라 할지라도 아이가 공간, 거리, 별, 우주, 이런 것들에 대한 놀라움을 맛보기에 충분하다. 이윽고 달 가까이 날아오는가 싶던 새들이 빠르게 달의 얼굴을 가로질러 저 멀리 사라져간다. 알 수 없는 어둠 속에서 와서, 빛 가운데 잠시 머무르다 다시 어둠 속으로 사라져가는 우주의 외로운 여행자들. 비록 길은 다를지라도 우리 모두는 그런 여행자들이리라.

나는 로저에게 철새, 곤충, 바위, 별, 그 밖에 이 세상에 우리와 함께하는 모든 생물과 무생물 들에 대해 가르치거나 그 각각의 이름을 알려준 적이 거의 없다. 물론 우리가 흥미를 느끼는 주위 사물들의 이름을 정확히 아는 것은 중요하거니와 쓸모 있는 일이기도 하다. 하지만 그것은 다른 문제다. 보통의 관찰력과 감식안을 지닌 부모라면, 괜찮은 자연생태도감을 구입해서 얼마든지 해결할 수 있는 그런 문제인 것이다. 더구나 최근에는 다양한 종류의 훌륭한 도감과 자연생태 안내서를 비싸지 않은 값에 구입할 수 있다.

아이가 자연 사물의 이름을 알고 식별하는 것 자체는 별로 중요하지 않다. 그런 일이 진정으로 어떤 가치를 지닐 수 있는지의 여부는 부모와 아이가 자연 사물을 주제로 어떻게 함께 노느냐에 달려 있다. 이름을 알고 식별하는 것 자체가 목적이 된다면, 그처럼 가치 없는 목적도 없다. 심지어 생명의 경이와 신비를 단 한 번도 느껴보지 못했다 하더라도, 자연 사물의 방대한 목록을 작성할 수는 있을 테니까.

8월 어느 날 아침, 해변에 도착한 깝짝도요의 이주 뒤에 숨겨진 신비, 그런 신비에 막 눈을 뜬 아이가 어설프게나마 그에 대해 내게 물어온다면, 나는 더없이 기쁠 것이다. 아이가 그 새를 물떼새가 아니라 깝짝도요로 올바르게 알고 있다는 사실에서 느끼는 기쁨에 비할 수 없는 큰 기쁨 말이다.

영원한 치유

자연에 대한 경이의 감정을 간직하고 강화하는 것, 인간 삶의 경계 저 너머 어딘가에 있는 그 무엇을 새롭게 깨닫는 것, 이런 것들은 어떤 가치를 지닐까? 인생의 황금기라 할 수 있는 어린 시절을 즐겁고 기쁘게 보내기 위한 방법일까? 아니면 그 이상의 어떤 깊은 의미가 있는 것일까?

나는 확신한다. 거기에는 분명히 매우 깊은 그 무엇, 언제까지나 이어질 의미심장한 그 무엇이 있다고. 과학자든 일반인이든 자연의 신비와 아름다움 속에서 살아가는 사람이라면, 삶의 고단함에 쉽게 지치지도 사무치는 외로움에 쉽게 빠지지도 않는다. 물론 그런 사람들이라고 해서 일상에서 분노하거나 걱정하지 않는 것은 아니다. 하지만 그들은 마음의 평안에 이르는 오솔길 하나를 간직하고 있다. 그 길을 걷다보면, 분노와 걱정에서 벗어나 새로운 삶의 활력과 흥분을 되찾을 수 있다.

철새의 이주, 썰물과 밀물의 갈마듦, 새봄을 알리는 작은 꽃봉오리, 이런 모든 것은 그 자체로 아름다울뿐더러 어떤 상징이나 철학의 심오함마저 갖추고 있다. 밤이 지나 새벽이 밝아오고, 겨울이 지나 봄이 찾아오는 일. 이렇게 되풀이되는 자연의 순환 속에서 인간을 비롯한 상처 받은 모든 영혼이 치료받고 되살아난다.

스웨덴의 저명한 해양학자 오토 페테르손(Otto Pettersson)을 떠올리지 않을 수 없다. 몇 해 전 아흔세 살의 나이로 세상을 떠난 그는 비범한 정신의 소유자이기도 했다. 역시 세계적인 해양학자인 그의 아들 한스 페테르손은 아버지가 새롭게 경험하는 모든 것에서 얼마나 큰 기쁨을 느꼈는지, 자연에서 새롭게 발견하는 것을 얼마나 즐거워했는지 전해주었다.

“아버지는 정말 낭만적인 분이셨습니다. 생명에 대한 사랑, 우주의 신비에 대한 더없는 사랑 속에서 평생을 사셨지요.”

세상의 아름다운 풍경을 즐길 날이 얼마 남지 않았다는 것을 안 오토 페테르손은 아들에게 이렇게 말했다고 한다.

“지상에서 보내는 마지막 순간에조차 나를 북돋워줄 그 무엇이 있다면, 그것은 바로 이다음에 과연 어떤 놀라운 세상이 내 앞에 펼쳐질까 하는 그칠 줄 모르는 호기심이란다.”

어떤 편지

최근 자연에 대한 경이의 감정이 평생 지속된다는 사실을 새삼 일깨워준 편지 한 통을 받았다. 내 책을 읽은 한 독자가 보내온 편지였다.

그는 내게 휴가를 보낼 해변을 추천해달라고 부탁했다. 그가 말한 추천의 조건은 무척 까다로웠다. 문명의 방해를 받지 않고 조용히 거닐 수 있는 곳, 태곳적 신비를 간직하고 있으면서도 늘 새로움으로 가득한 곳, 바로 그런 곳을 소개해달라는 것이었다. 안타깝게도 그는 바위투성이의 북부 해안은 제외해달라고 했다. 사실 그는 평생 동안 그 해안을 사랑해왔다고 한다. 하지만 이제 곧 여든네 살이 되는 할머니로서는 더 이상 메인 주의 바위 해안을 오르내리기 곤란하다는 것이었다.

나는 편지를 내려놓고 생각에 잠겼다. 그리고 내 영혼이 따뜻해지는 것을 느꼈다. 그 할머니의 영혼 속에서 여전히 밝게 타오르는 순수한 불길이 내게로까지 번져오는 것을 느껴서이다. 그것은 생명과 자연에서 즐거움을 느낄 줄 아는 사람, 그 신비와 경이를 순수하게 받아들일 줄 아는 사람, 그런 사람의 영혼에서나 타오를 수 있는 그런 불길이었다. 불길은 그 할머니의 영혼 속에서 80년 전이나 지금이나 변함없이 타오르고 있었던 것이다.

늘 자연과 가까이하는 그러한 기쁨은 과학자들만의 것이 아니다. 그것은 땅과 바다와 하늘, 그리고 그 모든 것이 간직하고 있는 놀라운 생명의 경이에 자신을 기꺼이 내맡길 줄 아는 우리 모두에게 열려 있다.

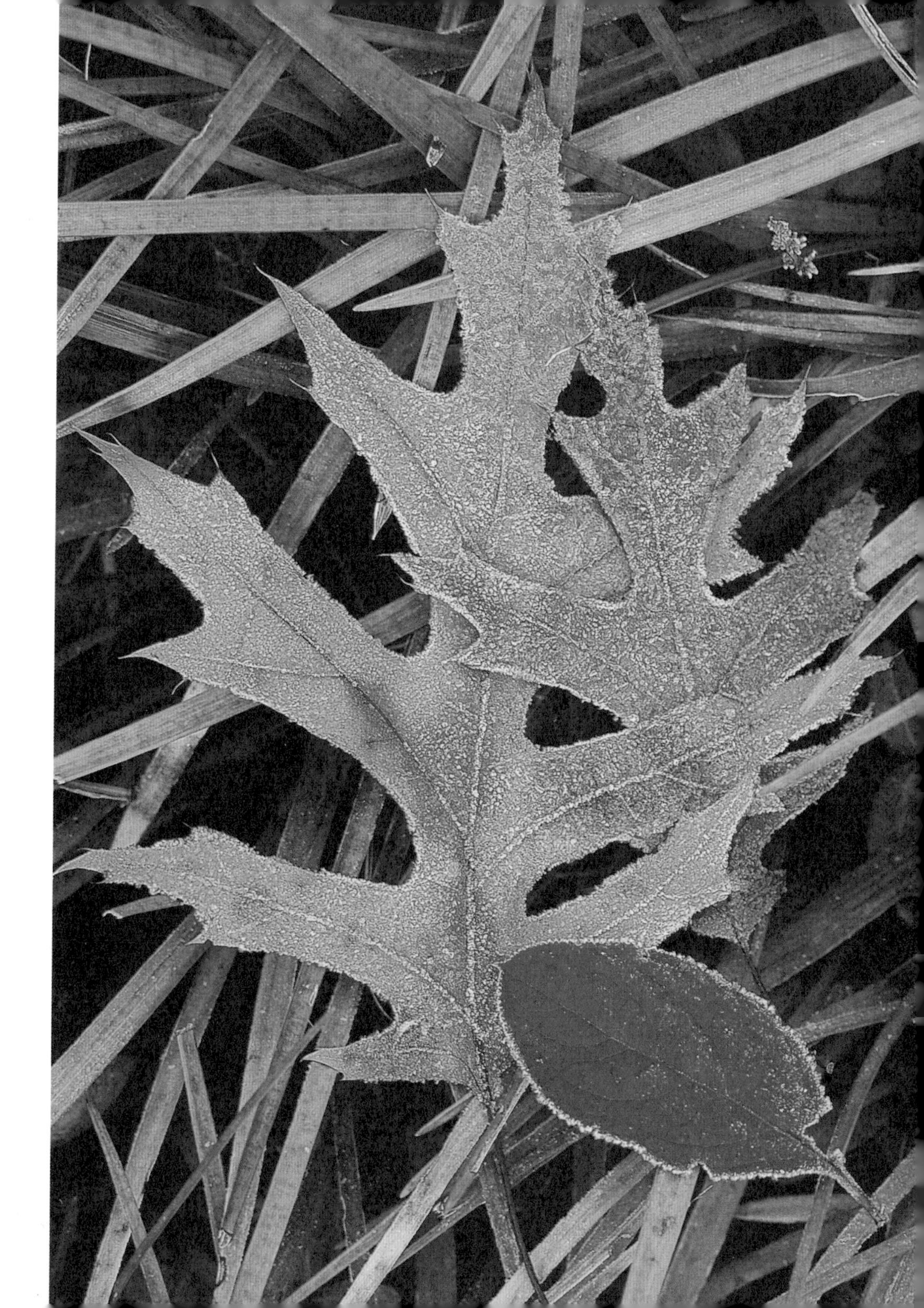

옮긴이의 글

1962년 레이첼 카슨이 《침묵의 봄》에서 화학 살충제의 위험성을 경고함으로써 미국 사회는 열띤 논쟁에 휩싸였다. 《침묵의 봄》이 불러일으킨 파장은 실로 놀라웠다. 의회 차원의 실태 조사, 상원 청문회, 대통령 직속 과학자문위원회의 조사 등을 통해 카슨의 주장이 입증되었고, 결국 국가환경정책법안이 의회에서 통과(1969)되기에 이르렀다. 미국 내 각 주들이 DDT 사용을 금지했음은 물론이다.

그러나 카슨은 1960년에 이미 자신이 유방암에 걸렸다는 사실을 알고 있었다. 결국 《침묵의 봄》이 출간된 지 불과 2년 뒤인 1964년 4월 14일, 쉰여섯 살의 나이로 메릴랜드 주 실버스프링의 자택에서 세상을 떠났다. 카슨은 생전에 여러 나라의 학술, 과학 단체로부터 수많은 상과 훈장을 받으며 환경 운동의 상징적 존재로 자리매김했다. 《침묵의 봄》이 환경 도서의 고전이 된 지도 이미 오래다. 오늘날에도 미국에서 레이첼 카슨은 '환경보호의 수호성인'으로 추앙받는다.

이 책 《센스 오브 원더》는 그런 카슨이 세상을 떠나기 얼마 전 〈우먼스 홈 컴패니언〉이라는 잡지에, 'Helping Your Child to Wonder'라는 제목으로 기고한 글을 단행본으로 펴낸 것이다. 글 내용을 감안해 제목을 의역하면 '당신의 자녀가 자연에서 놀라움을 느낄 수 있도록 도와라' 정도가 될 것이다. 여기에서 'Helping'이라는 표현이 범상치 않다. 부모의 뜻을 일방적으로 강요하거나 주입하는 것과는 거리가 멀다. 카슨은 다만 '거드는 것', '돕는 것'을 말할 뿐이다.

백조는 세상을 떠나는 순간에 이르면, 음악과 시의 신이기도 한 아폴론의 부르심을 느낀 나머지 가장 아름다운 노래를 부른다고 하던가. 진작부터 문장가로서도 이름이 높았던 카슨이지만, 산문과 시의 중간쯤으로 느껴지는 길지 않은 글에서 백조의 마지막 노래를 듣기에 충분하다. 카슨은 자연을 이해하는 두 가지 눈, 즉 과학자의 눈과 시인의 눈을 고루 갖춘 보기 드문 과학자였다. 파스칼의 표현을 빌리면 '기하학적 정신'과 '섬세의 정신'을 두루 갖춘 '생각하는 갈대'였던 셈이다.

카슨이 부른 마지막 노래의 주제는 자연과 사귀며 기뻐하고 놀라는 일이 어린이에게 얼마나 중요한지, 더 나아가 한 사람의 삶에서 얼마나 중요한지, 부모나 그 밖의 어른이 어린이와 함께 놀라고 기뻐하는 일이 얼마나 소중한지, 바로 그것이다. 이런 주제에 따른다면, 자연에 대한 지식을 담고 있는 많은 어린이 도서는 다만 기뻐하고 놀라는 일에 도움을 주는 한에서만 가치가 있다. 그런 책을 자녀에게 건네는 많은 부모들이 행여 앎을 강요하는 마음을 지니고 있는 것은 아닌지, 그래서 결국 자녀의 메피스토펠레스가 되고 있는 것은 아닌지 돌이켜볼 일이다.

개인적인 이야기지만, 자식을 키우는 부모의 처지에서 과연 아이의 어린 시절에 부모가 해줄 수 있는 최선의 일이 무엇인지 고민하곤 한다. 이른바 '부자 아빠'가 되기 위해 최선을 다하는 것이 아이의 뒷바라지에서 가장 중요한 일이 아닐까 하는 생각이 들 때도 없지 않다. 조기 교육의 열풍 속에서 무언가 하나라도 일찍부터 가르쳐야 하는 것은 아닌지 조바심이 나기도 한다. 자연을 벗 삼아 마음껏 뛰놀며 건강하게 자라는 것이야말로 최선이라는 이야기가 부질없는 소리로 들리기까지 한다.

그런 고민의 와중에 접한 카슨의 글은 고민의 종지부를 뜻했다. 부모로서 나에게 필요한 것은 무엇보다도 아이와 함께하는 시간이며, 다만 아이와 더불어 즐거워하는 것이라는 깨달음 덕분이다.

카슨은 이 책에서 어린 로저와 함께 자연 속에서 즐거워했던 시간들을 담담하면서도 매력적인 필치로 서술한다. 비 오는 날의 숲길, 성난 물결 일렁이는 바닷가, 풀벌레 우는 소리 가득한 가을밤, 새들의 지저귐이 한창인 새벽. 실로 자연과 벗 삼을 수 있는 모든 곳, 모든 시간이 평생 잊지 못할 기억의 앨범이 될 수 있음을 보여준다. 그런 기억의 앨범이 중요한 까닭을 카슨은 이렇게 말한다.

"어린이에게나, 어린이를 인도해야 할 어른에게나 자연을 '아는 것'은 자연을 '느끼는 것'의 절반만큼도 중요하지 않다. 자연과 관련한 사실들은, 말하자면 씨앗이라고 할 수 있다. 그 씨앗은 나중에 커서 지식과 지혜의 열매를 맺게 될 것이다. 그리고 자연에서 느끼는 이런저런 감정과 인상은 그 씨앗이 터 잡아 자라날 기름진 땅이라고 할 수 있다. 유년 시절은 그런 기름진 땅을 준비할 시간이다. 아름다움에 대한 감수성, 새로운 것, 미지의 것에 대한 흥분 · 기대 · 공감 · 동정 · 존경 · 사랑……. 이런 감정들이 기름진 땅을 이루고 난 다음에야, 비로소 그런 감정을 불러일으킨 사물에 대한 지식을 올바르게 추구할 수 있다."

번역자 이전에 한 사람의 부모이자 독자로서 다른 부모들에게, 부모가 되고자 하는 이들에게, 어린아이와 사귀고자 하는 이들에게, 자연에 대한 감수성이 무뎌졌다고 느끼는 어른들에게, 카슨의 마지막 노래에 귀 기울여볼 것을 권한다.

다만 한 가지 두려운 것은, 내가 카슨의 노래를 변주하는 가운데 그 중심 테마마저 왜곡하지 않았을까 하는 점이다. 고백건대, 머리보다는 가슴으로 번역했기 때문이다. 더구나 내게는 이 책이 그렇게 번역한 첫 번째 경우이기까지 하다. 가슴으로 쓴 글이라면 가슴으로 번역하는 것이 마땅하다는 그럴듯한(?) 변명이 떠오르기도 하지만, 그런 변명만으로 무리한 변주의 책임에서 벗어날 수는 없음을 자인한다.

진작부터 읽고 많은 것을 느끼게 해준 책이 우연찮게 번역 일감이 되는 경우보다는, 출판사가 의뢰한 '일감을 맡아' 번역하는 경우가 많다. 당연히 전자의 경우가 번역자로서 보람과 즐거움이 각별하다. 나에게 이 책은 바로 그런 드문 경우에 해당한다. 출간되기까지 출판사의 각별한 고려와 노력이 필요했던 책인지라, 에코리브르 사장님께 특별한 고마움을 전하지 않을 수 없다. 길동무 메이칭에게도 미안함과 고마움을 전한다.

표정훈

The Sense of Wonder